SHUBIANDIAN GONGCHENG QIDONG SONGDIAN ZHUNBEI
GONGZUO SHOUCE

输变电工程启动送电准备

国网山东省电力公司　组编

中国电力出版社
CHINA ELECTRIC POWER PRESS

内 容 提 要

输变电工程送电前准备工作烦琐复杂，为进一步做好启动送电前各项准备工作，规范流程、落实责任、明确要求，国网山东省电力公司组织编制《输变电工程启动送电准备工作手册》。

本手册介绍了隔离方案编审与实施、调度提资、通流通压试验、线路参数测试、定值录入、保护通道调试、远动联调、运行移交、送电前状态检查、送电应急准备等多项工作，对每项工作的工作依据、职责分工、工作流程、管理内容与方法、注意事项等进行了详细阐述。

本手册可供从事输变电工程启动送电准备工作的管理及技术人员参考使用。

图书在版编目（CIP）数据

输变电工程启动送电准备工作手册/国网山东省电力公司组编. —北京：中国电力出版社，2021.2（2022.7 重印）
 ISBN 978-7-5198-5322-8

Ⅰ. ①输… Ⅱ. ①国… Ⅲ. ①输电–电力工程–电力系统运行–手册②变电所–电力工程–电力系统运行–手册 Ⅳ. ①TM7–62②TM63–62

中国版本图书馆 CIP 数据核字（2021）第 019864 号

出版发行：中国电力出版社
地　　址：北京市东城区北京站西街 19 号（邮政编码 100005）
网　　址：http://www.cepp.sgcc.com.cn
责任编辑：高　芬（010-63412717）　罗　艳（010-63412315）
责任校对：黄　蓓　王海南
装帧设计：张俊霞
责任印制：石　雷

印　　刷：三河市万龙印装有限公司
版　　次：2021 年 2 月第一版
印　　次：2022 年 7 月北京第三次印刷
开　　本：710 毫米×1000 毫米　16 开本
印　　张：6.25
字　　数：85 千字
定　　价：52.00 元

编 委 会

编写工作组

主　　编	李其莹
执行主编	程　剑　张　斌
审查人员	张福友　丁文彬　李继征
	董昊崧　张学凯　张　廷
	卢福木
编写人员	张　成　孙晓迪　罗荣钧
	何勇军　明志舒　焦平文
	慕德凯　张　轲　赵　迎
	宋金垒　周钦龙　唐崇俊
	孙冠华　王庆玉　张　岩
	于丹文　李　全　孙英哲
	陈乾坤　陈祥波　叶　明
	王　勇　闫成颂　李震洪
	邢　鹏　夏　栩　李　玺
	成印建

前　言

输变电工程启动送电前，一般需完成隔离方案编审与实施、调度提资、通流通压试验、线路参数测试、定值录入、保护通道调试、远动联调、运行移交、送电前状态检查、送电应急准备等多项工作，这些工作是电网工程安全顺利完成启动调试并正式投运的必要环节和基本保证。当前，在电网工程建设中，业主、监理、施工等单位在落实输变电工程启动送电前准备工作时，存在依据不准确、流程不统一、要求不严格、记录不完整等情况，工作规范性需进一步提升。

2015～2019 年，国网山东省电力公司在国家电网有限公司的坚强领导下，先后建成并投运"五交四直"九项特高压入鲁工程，新建交流线路 2338km、新增变电容量 3600 万 kVA、新建直流线路 1039km、新增换流容量 2000 万 kW。在每项工程投运前，国网山东省电力公司各级建设管理人员均严格扎实组织开展送电前各项准备工作，有效确保了九项特高压入鲁工程设备一次带电成功、调试项目一次通过，创造了特高压工程启动调试历史新纪录。

为积极践行国网山东省电力公司"干精彩创最好"的价值追求，扛起"走前列、做表率"的使命担当，国网山东省电力公司建设部统筹"安全第一、质量至上、效率为要、成本是基"四个维度，组织有关特高压入鲁工程参建单位，兼顾专业理论知识和实际管理流程，系统总结整理了特高压入鲁工程启动送电前准备工作有关典型做法，明确了工作依据、职责分工，规范了工作流程、管理内容与管理方法，对有关注意事项进行了总结，编制成《输变电工程启动送电前准备工作手册》一书，以供从事输变电工程启动送电前准备工作的管理及技术人员参考使用。

在本手册的编制过程中，国网基建部张友富、谷明、于壮状和国网特高压部马跃、张晓阳等专家给予了大力指导，国网山东省电力公司建设公司、国网山东省电力公司电力科学研究院、山东送变电工程有限公司和山东诚信工程建设监理有限公司积极参与，许多工程建设一线人员提出了宝贵意见和建议，在此表示衷心的感谢！

由于编写人员水平有限，本书难免存在不妥之处，敬请广大读者批评指正。

编　者

2020 年 12 月

目 录

前言

第 1 章 隔离方案编审与实施

根据电网需求，部分变电站工程（主要为特高压工程、改扩建工程）执行分阶段、分区域启动调试计划。在此过程中，电气设备依次成为带电运行体，现场安全风险高、管控难度大，为保障已投运设备可靠运行和在建工程安全施工，需编制隔离方案，对运行设备实施物理隔离及一次、二次隔离，防止误操作运行设备及人员触电伤亡情况的发生。

1.1 工 作 依 据

（1）《电力建设安全工作规程　第 3 部分：变电站》（DL 5009.3—2013）。

（2）《电力安全工作规程　变电部分》（Q/GDW 1799.1—2013）。

（3）《国家电网公司电力安全工作规程（电网建设部分）》（国家电网安质〔2016〕212 号）。

（4）《国家电网有限公司输变电工程安全文明施工标准化管理办法》[国网（基建/3）187—2019]。

（5）《国家电网有限公司十八项电网重大反事故措施（2018 年修订版）》。

（6）《国网山东省电力公司关于加强变电站改扩建工程安全管理的意见（试行）的通知》（鲁电安质〔2015〕404 号）。

（7）工程设计图纸。

（8）设备厂家技术指导书、说明书。

1.2 职 责 分 工

1. 业主项目部

（1）组织施工项目部开展隔离方案的编制，召开会议对隔离方案进行审查。

（2）组织按照已审查的隔离方案实施隔离措施。

（3）组织设计、监理、施工单位及设备管理单位对隔离措施现场检查、确认。

2. 监理项目部

（1）参与隔离方案的审查工作。

（2）监督施工单位严格按隔离方案落实隔离措施。

（3）对施工单位落实重点隔离措施进行旁站监督，确保操作过程安全。

3. 施工项目部

（1）依据工程启动送电方案，结合现场实际情况，按照有关规程规范及设备管理单位要求，编制隔离方案。

（2）严格按照已审核的隔离方案落实隔离措施，并形成书面记录。

4. 设计单位

参与隔离方案审查及隔离措施检查、确认工作。

5. 设备管理单位

（1）参与隔离方案的审查并根据变电站实际情况提出具体要求。

（2）审核并签发施工单位实施隔离措施的工作票以及二次安全措施票。

（3）负责隔离措施的检查、确认。

1.3 工 作 流 程

隔离工作流程见图1–1。

图1–1 隔离工作流程

（1）启动送电方案下发后，业主项目部组织设计、监理、施工、设备管理单位学习研究启动送电方案。

（2）业主项目部组织施工项目部技术人员对现场进行勘察，并由施工项目部技术人员编制隔离措施方案，确保隔离措施方案符合现场实际情况。

（3）业主项目部召开专项会议，组织设计、监理、施工、设备管理单位对隔离措施方案进行审核及现场复核。

（4）业主项目部组织施工项目部、设备管理单位按照已审批的隔离方案执行隔离措施。

（5）隔离措施执行完成后，由设备管理单位与施工单位共同进行检查确认。

（6）设备投运前，由施工单位恢复隔离措施，由设备管理单位进行检查确认。

1.4　管理工作内容与方法

隔离方案管理工作内容与方法见表 1－1。

表 1－1　　　　　　　　　　　　管理工作内容与方法

序号	管理内容	责任单位	工作内容与方法
1	学习研究工程启动送电方案	业主项目部 监理项目部 施工项目部 设备管理单位 设计单位	（1）启动送电前 1 个月，业主项目部向调控部门获取启动送电方案。 （2）组织设计、监理、施工、设备管理单位学习研究启动送电方案
2	隔离方案的编制	施工项目部	（1）根据启动送电方案，明确分阶段投运范围，由业主项目部通知施工项目部编写隔离方案。 （2）施工项目部根据送电方案、设计图纸和现场情况，组织一次专业编制物理措施及一次、二次隔离措施，审核确认后提交业主、监理项目部
3	隔离方案的审核	业主项目部 监理项目部 施工项目部 设计单位 设备管理单位	（1）业主项目部组织监理项目部、施工项目部、设计单位和设备管理单位对隔离措施方案进行审核，针对一次、二次隔离措施进行现场复核。 （2）施工项目部根据审核意见，完善隔离方案
4	隔离措施的实施	施工项目部 设备管理单位	（1）工程阶段竣工并验收结束后，施工项目部根据已审批的隔离方案实施施工区域与将投运区域的硬隔离措施。 （2）二次隔离措施，由施工单位工作负责人填写二次安全措施票（见附录 A），设备管理单位负责审核签发，并监护安全措施的执行及恢复。 （3）改扩建工程的二次安全措施，由施工单位工作负责人填写二次安全措施票，设备管理单位负责审核签发，并办理相关工作票，执行、恢复二次安全措施

续表

序号	管理内容	责任单位	工作内容与方法
5	隔离措施的检查确认	业主项目部 监理项目部 施工项目部 设备管理单位	（1）业主项目部负责组织监理项目部和设备管理单位对现场已执行的隔离措施进行检查确认。 （2）各单位现场确认完毕后，在已执行的隔离措施方案上签字确认
6	隔离措施的恢复	施工项目部 设备管理单位	（1）设备投运前，施工项目部根据隔离措施执行的书面记录，恢复隔离措施。 （2）设备管理单位根据隔离措施执行的书面记录，对已恢复的隔离措施进行检查确认

1.5 注 意 事 项

1.5.1 一次隔离围栏

为保证投运设备的安全可靠运行，需根据调控部门提供的启动送电方案的范围，将施工区域与带电运行设备进行隔离。

（1）结构及形状。采用硬质围栏或脚手架、隔离网组合方式，其中立杆跨度为 2.0～2.5m，高度为 1.8m，立杆应满足强度要求，隔离网的明显部位应悬挂"止步，高压危险！"的安全标志。硬质围栏的结构、形状如图 1-2 所示。

（2）使用要求。安全围栏应与警告、提示标志配合使用，如"止步，高压危险！""人员与 500kV 带电设备安全距离 5m""起重机及吊件与 500kV 带电设备安全距离 8.5m"等，固定方式应牢固可靠，与带电区域设备的隔离围栏应留有足够的安全距离。

图 1−2 硬质围栏的结构、形状示意图

1.5.2 一次设备断开点警示

（1）分阶段投运应在一次设备处有明显的物理断开点。如 500kV 或 1000kV 主变压器分阶段投运，应拆除主变压器 500kV 或 1000kV 侧至高跨线间的引下线，作为一次设备明显断开点，使用已备案接地线将主变压器侧进线高跨线接地，构架爬梯门上锁并悬挂"有电危险，禁止攀爬"标识牌。主变压器分阶段投运一次隔离如图 1−3 所示。

（2）500～1000kV 线路分阶段投运，根据启动送电方案并串要求，应拆除进站线路至站内 V 型绝缘子串间的引下线，作为一次设备明显断开点，使用已备案接地线在线路侧接地。线路分阶段投运一次隔离如图 1−4 所示。

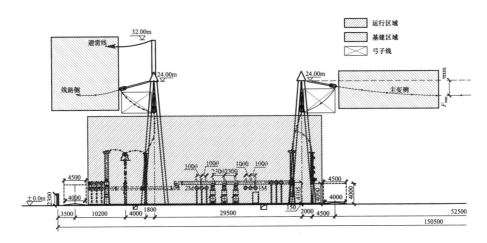

图1-3　主变压器分阶段投运一次隔离示意图

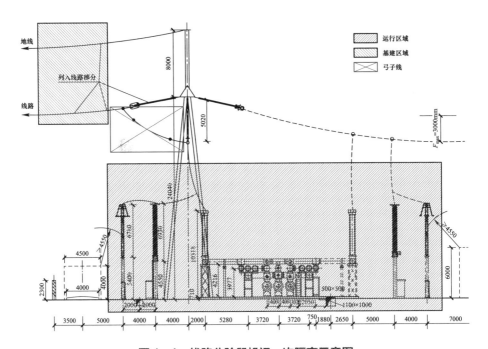

图1-4　线路分阶段投运一次隔离示意图

1.5.3　二次隔离措施

（1）待投运设备隔离措施见表1-2。

表1-2　　　　　　　　　　待投运设备隔离措施

序号	措施项目	措施内容
1	防止误操作隔离开关、接地开关	（1）断开电动机电源、控制电源，在电源空开处挂设"禁止合闸"标志牌。 （2）拆除电动机电源空开下口接线，用绝缘胶带包好，使用标签纸标识"安全措施"。 （3）将手动操作孔上锁，并挂设"禁止操作"标志牌
2	防止误操作运行断路器	（1）在测控屏内运行断路器操作把手上悬挂"运行设备"标志牌。 （2）将屏内运行装置对应的端子排用红色绝缘胶带封住。 （3）用专用压板套头工具或绝缘胶带将出口压板封住
3	防止误发跳闸、失灵命令至运行设备	（1）在运行屏柜内，将跳闸、失灵回路的二次接线拆除，并将裸露部分用红色绝缘胶带封住。 （2）用专用压板套头工具或绝缘胶带将新间隔失灵开入压板封住
4	防止直流接地	（1）应使用试验电源进行新间隔二次回路调试。 （2）应在新间隔二次回路绝缘测试合格后，接入正式电源。 （3）使用万用表测量运行回路，应检查确认档位正确
5	防止隔离措施恢复错误	（1）应安排专人监护，对照措施票，逐条恢复并确认。 （2）在恢复接线时，应采用万用表检查其电位和通断是否正确，再进行接入

（2）隔离措施应用示例。

1）在柜前后以及公用屏柜运行设备前后悬挂"运行"红布幔，并在运行屏柜周围设置围栏或围挡。需要施工的屏柜前后放置"在此工作"标志牌，见图1-5。

图 1-5　二次屏柜防误警示图

2）二次压板防误操作措施。用专用压板套头工具或绝缘胶带将出口压板封住，见图 1-6。

图 1-6　二次压板防误图

3）二次端子排防误操作措施。将公用屏柜或接火屏柜内无须接线的运行端子排，用专用绝缘胶带封住，防止误碰，并做好记录，见图 1-7。

图1-7　二次端子排防误操作图

4）TA、TV 二次回路隔离措施。TA 二次回路核对正确后，将 TA 连片断开，在端子排本体接线侧用专用试验线或短接片将电流回路封住并固定，并检查电流回路接地合格。

拉开 TV 二次回路空开，用红色胶带粘贴到操作位置，或将运行电压回路与工作屏柜的端子排连接片断开并固定，并用红色绝缘胶布封好端子排做好警示，见图 1-8。

图1-8　TA、TV 二次回路隔离措施

5）后台软件系统隔离措施。在后台系统中，带电侧刀闸设置"禁止合闸"标志牌，见图 1-9。

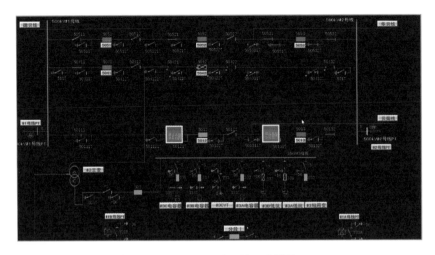

图 1-9　后台软件系统隔离措施图

6）二次失灵回路、控制回路、信号回路隔离措施。二次回路核对正确后，将运行设备的跳闸、失灵、信号二次回路在电源侧拆除，并用绝缘胶布包裹，用警示标签封闭，并退出相应失灵开入压板，见图 1-10。

图 1-10　二次失灵回路、控制回路、信号回路隔离措施

第2章 调度提资

为使调控部门准确掌握变电站内电气设备的配置及参数，在变电站工程与调控部门联调之前，需将工程电气设备相关资料按调控部门要求进行提报，保障工程与调控部门联调工作顺利进行。

2.1 工 作 依 据

（1）《国家电网调度控制管理规程》（国家电网调〔2014〕1405 号）。

（2）《国家电网公司关于进一步加强电网运行方式工作的若干意见》（国家电网调〔2008〕55 号）。

（3）《新设备启动调度管理流程及标准操作程序》（国家电网调技〔2012〕198 号）。

（4）《国家电网公司新建发输变电工程前期及投运调度工作规则》〔国网（调/4）456—2014〕。

（5）《华北电网基（改）建工程调度启动管理办法（暂行）》。

（6）调控部门下发调度提资通知文件及提资模板。

2.2 职 责 分 工

1. 调控部门

（1）下发相关工作要求及模板。

（2）审核参建单位提交的资料。

2. 业主项目部

（1）管理本工程的调度提资工作。

（2）组织各参建单位按调度提资相关工作要求及模板填报。

3. 监理项目部

（1）配合业主项目部完成本工程的调度提资工作。

（2）向相关参建单位传达调度提资相关工作要求及模板。

（3）督促相关参建单位完成资料填报工作。

（4）负责收集、审核、汇总相关资料，上报业主项目部。

4. 施工单位

负责本工程调度提资工作的收集、整理和填报工作。

5. 设计单位

配合完成设计相关的提资工作。

2.3　工　作　流　程

调度提资工作流程见图 2-1。

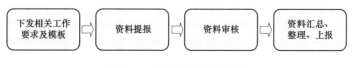

图 2-1　调度提资工作流程

（1）业主项目部联系调控部门下发相关工作要求及模板。

（2）监理项目部根据调度提资相关工作要求，组织施工单位、设计单位填报资料。

（3）施工单位、设计单位按要求填报资料，经现场监理人员审核通过后，提交业主项目部。

（4）业主项目部汇总整理相关资料并提交调控部门。

2.4 管理工作内容与方法

调度提资管理工作内容与方法见表 2-1。

表 2-1　　　　　　　　　管理工作内容与方法

序号	管理内容	责任单位	工作内容与方法
1	下发相关工作要求及模板	调控部门、业主项目部	（1）工程投运前 120 天，业主项目部填报正式调度命名申请（示例见附录 B），申请调控部门下发本期调度启动变电站一次接线调度编号图，同时向调控部门申请提供调度提资相关工作要求及模板。 （2）涉及多家参建单位时，业主项目部可组织召开调度提资工作协调会，明确各参建单位的工作节点及内容
2	资料提报	施工单位、设计单位	施工单位、设计单位根据下发的工作要求及模板及时填报资料，填报完成后提交监理单位审核
3	资料审核	监理项目部、施工单位、设计单位	（1）监理单位组织资料审核，将审核后相关资料提交业主项目部。 （2）业主项目部也可根据工程实际情况，组织召开调度提资工作审查会，组织专业人员对提交的资料进行审核
4	资料汇总、整理、上报	业主项目部、监理项目部	业主项目部整理汇总资料，按时提报调控部门

2.5 注意事项

（1）严格按照调控部门下发的相关工作要求及模板进行填报。

（2）各相关单位应按业主项目部制定的时间节点，及时完成相关资料的提交。

（3）各参建单位报送的资料应由本单位（项目部）负责人签字确认并盖章。

第 3 章 通流、通压试验

在电力系统中，通过电压互感器、电流互感器将高电压、大电流变换成低电压、小电流，提供给计量、监控、保护设备进行监测和保护逻辑判断工作，而电流二次回路开路、电压二次回路短路会造成设备损坏，危及人身安全，为确保电流、电压二次回路的正确性，在一次设备投运前，需针对电流、电压互感器进行一次通流、通压试验。

3.1 工 作 依 据

（1）《继电保护和电网安全自动装置检验规程》（DL/T 995—2016）。

（2）工程设计图纸。

（3）通流、通压试验方案。

3.2 职 责 分 工

1. 业主项目部

（1）组织开展通流、通压试验方案的审查会。

（2）组织监理、施工单位检查现场的安全隔离措施，确保无安全隐患。

（3）组织监理、设备管理单位参与通流、通压试验。

（4）组织设备管理单位对通流、通压试验记录和报告进行审查。

2. 监理项目部

（1）参与审查通流、通压试验方案。

（2）通流、通压试验前，检查现场安全隔离措施，确保无安全隐患。

（3）监督通流、通压试验。

3. 施工项目部

（1）编制通流、通压试验方案。

（2）布置现场安全隔离措施。

（3）实施通流、通压试验并得出结论，出具试验报告。

4. 设备管理单位

（1）参与通流、通压试验。

（2）审查通流、通压试验报告。

3.3 工 作 流 程

通流、通压试验工作流程见图 3-1。

图 3-1　通流、通压试验工作流程

（1）工程三级验收合格后，施工项目部根据现场情况，编制通流、通压试验方案。

（2）启动验收前，业主项目部组织监理项目部和施工项目部技术人员对通流、通压试验方案进行审核，确定试验方案技术可行性和安全措施到位。

（3）工程具备投运条件后，在启动送电前一周内，施工单位进行全站一次设备通流、通压试验。

1） 通流、通压设备已就位。

2） 高压带电区域已隔离。

3） 一次设备运行方式已调整好。

4） 与试验无关人员均已离场。

（4）通流、通压试验过程中，试验人员分别对一次回路电流、二次回路电流进行测量，记录相关数据，并检查二次保护设备的采样值。

（5）根据通流、通压试验数据确定结论，并出具试验报告。

（6）设备管理单位审查通流、通压试验报告。

3.4　管理工作内容与方法

通流、通压试验管理工作内容与方法见表 3－1。

表 3－1　　　　　　　　　　　管理工作内容与方法

序号	管理内容	责任单位	工作内容与方法
1	通流、通压试验方案的编制和审查	业主项目部 监理项目部 施工项目部 设计单位	（1）业主项目部下发通知要求施工项目部在工程启动验收前提交通流、通压试验方案。 （2）施工项目部接到通知后，在计划时间内编写出通流、通压试验方案，并提交至监理项目部报审。 （3）业主项目部负责组织监理项目部、设计单位等部门对通流、通压试验方案进行审查，针对技术和安全措施进行论证，确定方案可行性。 （4）施工项目部根据审核意见，完善通流、通压试验方案
2	通流、通压试验的实施	业主项目部 监理项目部 施工项目部	（1）施工项目部提前告知监理项目部通流、通压试验的计划时间，根据已批准的试验方案准备开展通流、通压试验，并做好记录。 （2）通流、通压试验前，业主项目部组织监理项目部对试验现场的各项安全措施进行审查，确定已按批准的方案执行相关措施，并对通流、通压试验进行监督。 （3）通知设备管理单位参与验收通流、通压试验

续表

序号	管理内容	责任单位	工作内容与方法
3	试验结果旳论证	业主项目部 监理项目部 施工项目部 设备管理单位	（1）施工项目部在完成通流、通压试验后，及时出具试验报告，提交至监理项目部报审。 （2）业主项目部组织监理项目部、设备管理单位对通流、通压试验报告进行审查，确定试验结果合格后，出具审查意见并签字确认

3.5　注　意　事　项

（1）通流、通压试验应在工程具备投运条件后，启动送电前一周内完成，以保证试验结束后，TA/TV 二次回路不再有任何工作。

（2）通流、通压试验涉及带电范围大、电压等级高、风险大，宜安排在晚上开展试验，并确保站内其他施工人员均已撤场，无其他作业面干扰，将风险降至最低。

（3）通压试验接线前，应将所有出线的引下线拆除，使站内与站外电气隔离，防止通压时反送电到站外线路。

（4）通流、通压设备应使用安全围栏隔离，且设备引出试验线及试验线下方应一并隔离，防止试验线松脱掉落伤人。

（5）在检修电源箱处和通流、通压设备现场派专人监护，在通流、通压时防止人员随意靠近；准备开始通电试验时，通过对讲机呼叫各个区域看守人员，得到在岗在位的肯定回复后，先送检修箱开关，再送通压设备开关柜内的隔离开关，最后通过控制台将电源投入。

（6）通压试验应选用其中一个 TV 作为基准，其他间隔 TV 与基准 TV 进行同电源核相，同时检查保护、故障录波等装置，确定相序正确，注意检查开口三角电压时，应对合成前回路分相测量并核相。

（7）通流试验时，应尽可能将多个间隔电流互感器串进一次试验回路进行通流，以便检查线路保护、母线保护和主变压器保护等需要进行和电流或差流计算保护装置采样的正确性。

（8）通流、通压试验数据记录应详细，并妥善保留。

（9）试验结束后，应将全站屏柜端子箱的门上锁，未经施工项目部允许任何人不得拆开 TA/TV 二次回路端子排连片，如需进行二次回路检查，应安排专职监护人，在工作结束后确认相关回路已恢复。

第 4 章 线路参数测试

线路参数是建立电力系统数学模型，进行电力系统潮流计算、短路电流计算、继电保护整定计算、电力系统运行方式选择的必要数据。线路参数包括绝缘电阻、直流电阻、正序阻抗、零序阻抗、正序电容、零序电容、回路间互感抗、回路间耦合电容等，一般在线路工程全线竣工并经验收合格后、线路工程正式投运前进行现场实测。

4.1 工 作 依 据

（1）《电气装置安装工程　电气设备交接试验标准》（GB 50150—2016）。

（2）《1000kV 系统电气装置安装工程电气设备交接试验标准》（GB/T 50832—2013）。

（3）《交流输电线路工频电气参数测量导则》（DL/T 1583—2016）。

（4）《1000kV 交流架空输电线路工频参数测量导则》（DL/T 1179—2012）。

（5）《直流输电线路及接地极线路参数测试导则》（DL/T 1566—2016）。

（6）《1000kV 电气装置安装工程电气设备交接试验规程》（Q/GDW 10310—2016）。

（7）《输电线路参数频率特性测量导则》（Q/GDW 11090—2013）。

（8）《特高压交流输电线路工频相参数测量导则》（Q/GDW 11503—2016）。

（9）线路参数测试技术方案。

（10）线路参数测试现场实施方案。

（11）被测试线路的相关工程设计资料（铁塔单线图、路径图及相序图、杆塔明细表、参数参考值等）。

4.2　职　责　分　工

1. 建设管理单位

（1）组建线路参数测试指挥部。

（2）组织召开线路参数测试方案审查会。

（3）组织召开线路参数测试技术交底会。

（4）通知线路参数测试单位测试条件已具备。

（5）通知业主项目部线路参数测试已完成。

2. 业主项目部（线路、变电）

（1）组织管辖范围内的参建单位开展线路参数测试配合工作。

（2）组织管辖范围内的参建单位落实线路参数测试工作的前置条件，使其满足技术方案、现场实施方案要求。

（3）审查管辖范围内的参建单位具备线路参数测试条件的报告，并向建设管理单位提交具备参数测试条件的报告。

（4）接收线路参数测试完成的报告，并通知管辖范围内的参建单位线路参数测试已完成。

3. 监理项目部

（1）审核施工、测试单位提交的具备线路参数测试条件的报告。

（2）向业主项目部提交确认具备线路参数测试条件的报告。

（3）配合业主项目部检查线路参数测试工作的前置条件，确保条件完备。

（4）全过程开展线路参数测试旁站监督。

4. 线路参数测试单位

（1）编制被试线路的线路参数测试技术方案及线路参数测试现场实施方案。

（2）评估被试线路静态干扰水平，向建设管理单位提出陪停方案。

（3）在建设管理单位组织的安全技术交底会上，重点向参建单位进行线路参数测试安全技术交底。

（4）办理线路参数测试工作票。

（5）确认线路工程状态满足线路参数测试技术方案及线路参数测试现场实施方案要求。

（6）进行线路首末两端工作区域的安全风险防控，对接、拆测试引线配合人员进行安全监护。

（7）向监理单位提交具备参数测试条件的报告。

（8）组织技术专家对数据进行分析校核。

（9）向建设管理单位提交测试工作已完成的报告。

（10）向建设管理单位提交初步测试结果及测试报告。

5. 施工单位（线路、变电）

（1）变电施工单位负责被试线路首末端线路高压电抗器的一次引线拆接线工作，配合提供线路参数测试工作所需要的试验电源，落实线路参数测试前各项前置条件，负责向监理提交管辖范围内具备参数测试条件的报告。

（2）首末端线路施工单位配合开展线路参数测试引线的接拆工作。

（3）线路施工单位负责落实线路参数测试的各项前置条件，向监理单位提交具备参数测试条件的报告，负责参数测试期间的沿线巡视、故障处理及安全监护。

6．设备管理单位

（1）负责审批许可在已运行变电站中进行线路参数测试的第一种或第二种工作票。

（2）负责已运行变电站相关设备的操作。

（3）负责报送相关设备、线路的停电计划。

4.3　工　作　流　程

1．线路参数测试工作总体流程

线路参数测试工作总体流程见图4−1。

图4−1　线路参数测试工作总体流程

（1）设计收资及现场勘查。

1）线路参数测试单位进行线路设计收资，评估待测线路静态干扰水平。

2）线路参数测试单位勘查现场，确认现场条件。

（2）线路参数测试方案编制。线路参数测试单位根据设计收资及现场勘查情况，编制线路参数测试技术方案及现场实施方案。

（3）建设管理单位组织线路参数测试各参加单位，对线路参数测试技术方案及现场实施方案进行审查。

（4）建设管理单位组织线路参数测试各参与单位召开参数测试交底会，对参数测试现场实施方案进行详细交底，并落实场地、工器具及配合人员。

（5）线路参数现场测试。

1）建设管理单位通知线路参数测试单位开展参数测试准备工作。

2）线路参数测试各参与单位提交具备参数测试条件的书面报告。

3）建设管理单位向线路参数测试单位提交线路具备参数测试条件的书面报告后，由参数测试单位下达测试指令。

4）线路参数测试单位开展线路参数测试工作完成后，向建设管理单位提交完成参数测试工作的书面报告。

5）建设管理单位向所管辖单位下达参数测试完成指令后，各相关单位进行后续施工、验收工作。

（6）线路参数测试单位在完成参数测试工作后及时向建设管理单位提交测试结果及正式测试报告。

2. 线路参数测试开始前报告流程

线路参数测试开始前报告流程见图4-2。

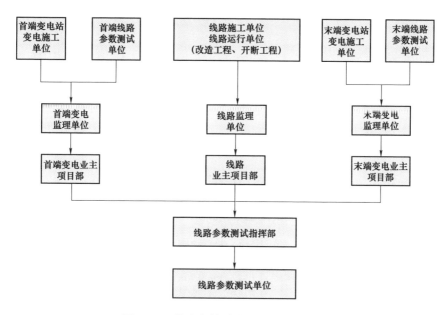

图4-2　线路参数测试开始前报告流程

3. 线路参数测试完成后报告流程

线路参数测试完成后报告流程见图4-3。

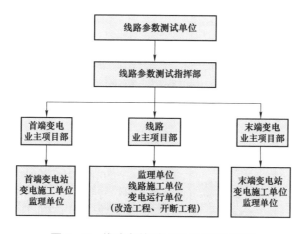

图4-3　线路参数测试完成后报告流程

4.4 管理工作内容与方法

线路参数测试管理工作内容与方法见表 4-1。

表 4-1　　　　　　　　　　　管理工作内容与方法

序号	管理内容	责任单位	工作内容与方法
1	设计收资及现场勘察	线路参数测试单位	（1）线路参数测试单位收到线路参数测试任务后，向线路工程设计单位进行收资，并评估待测线路静态干扰水平。 （2）线路参数测试单位前往线路参数测试首末端变电站勘查现场，确定测试地点具体位置。与各参建单位进行沟通与工作分工，确认现场条件（现场组织机构人员名单示例见附录 C）
2	方案编制	线路参数测试单位	（1）线路参数测试单位根据现场实际情况及静态干扰水平评估结果编制线路参数测试技术方案及现场实施方案。 （2）现场实施方案中应包含线路参数测试陪停方案以及线路测试期间，各相关断路器、隔离开关及接地开关的状态及操作需求
3	方案审查	建设管理单位 各项目部 变电施工单位 线路施工单位 监理项目部 设备管理单位 参数测试单位	建设管理单位组织各项目部、变电施工单位、线路施工单位、监理项目部、设备管理单位、参数测试单位对线路参数测试技术方案及现场实施方案进行审查
4	方案交底	建设管理单位 各项目部 变电施工单位 线路施工单位 监理项目部 设备管理单位 参数测试单位	建设管理单位组织各项目部、变电施工单位、线路施工单位、监理项目部、设备管理单位、测试单位召开方案交底会，明确线路参数测试时间及各参与单位的相关工作，并落实场地、工器具及配合人员

续表

序号	管理内容	责任单位	工作内容与方法
5	现场测试	参数测试单位 建设管理单位 各项目部 变电施工单位 线路施工单位 监理项目部 设备管理单位	（1）建设管理单位（业主项目部）按照工作计划和现场进度，提前 7 日通知线路参数测试单位开展参数测试准备工作，安排监理、施工单位做好配合工作。 （2）线路施工单位向线路监理单位提交具备参数测试条件的书面报告（见附录 D），变电施工单位、线路参数测试单位向变电监理单位提交具备参数测试条件的书面报告(见附录 E 和附录 F)。 （3）线路、变电监理项目部确认各施工单位的测试准备工作完成后，向业主项目部提交具备参数测试条件的书面报告；各业主项目部确认具备参数测试条件后，向建设管理单位提交具备参数测试条件的书面报告。 （4）建设管理单位确认所管辖范围的线路、变电站具备参数测试条件后，向线路参数测试单位工作提交书面报告，由参数测试单位下达测试指令。 （5）线路参数测试单位按照参数测试实施方案及参数测试技术方案开展线路参数测试工作，进行数据计算分析，并请专家进行校核；必要时，完成部分测试数据复测工作。 （6）线路参数测试单位在完成参数测试后，向建设管理单位提交完成参数测试工作的书面报告（见附录 G）。 （7）建设管理单位向所管辖单位下达参数测试完成指令，各相关单位在接到参数测试完成的通知后，方可进行后续施工、验收工作
6	提交结果及 正式报告	线路参数测试单位 建设管理单位	线路参数测试单位在完成参数测试工作后及时向建设管理单位提交测试结果及正式测试报告

4.5 注 意 事 项

（1）线路参数正式测试前，必须书面确认被测试线路上所有施工安全技术措施已解除、线路施工人员已全部撤离。

（2）线路改造、开断工程进行线路参数测试前，必须向线路运行管理单位进行状态确认，落实是否具备工作条件。

（3）按照调控部门有关时间节点要求，提前报送首末两端变电站、线路（改扩建）相关设备的停电计划和操作需求。

（4）高空接线作业应有专人监护；高空作业人员必须正确使用安全带和个人保安线，在确保线路可靠接地后方可作业；使用登高工具及登高车时，应做好防止瓷绝缘损坏的相关措施。

（5）线路首末两端变电站的现场测试负责人应保持通信良好，执行任何操作或试验步骤前，均应与对站核实无误后方可进行；测试过程中应及时反馈各种异常情况。

（6）线路参数测试前，必须测量被测线路静电及电磁感应电压，严防感应电人身伤害。如果感应电数值过高，超过仪器量程限制时，应停止试验，汇报调度，改变临近线路运行方式，感应电压减小后，继续进行，严禁野蛮试验。

（7）接、拆测试引线及变更接线方式前，必须确认相关设备及被试线路可靠接地。

（8）测试过程中，测试人员应站在合格的绝缘垫上，并穿戴符合要求的绝缘手套。不进行测试时，应确保线路接地开关和测试引线可靠接地。

（9）如遇雨、雪、雷电天气时应立即停止测试。

（10）全部测试工作结束后，现场测试人员应及时拆除临时接线、检查被试设备、清理现场。

（11）线路参数测试完成后，如被试验线路有消缺等工作需要进行，工作完成后，正式送电前应进行线路绝缘电阻测试。

第 5 章 定值录入

继电保护定值是保护装置对电力系统中发生故障或异常情况做出正确动作的依据。定值录入完成，意味着保护装置满足投运条件，可以实现可靠、迅速、有选择性地将故障元件从电力系统中切除。

5.1 工 作 依 据

（1）《继电保护和安全自动装置运行管理规程》（DL/T 587—2016）。

（2）《220kV～750kV 电网继电保护装置运行整定规程》（DL/T 559—2018）。

（3）调度部门下发的定值通知单。

（4）设备厂家说明书及技术文件。

5.2 职 责 分 工

1. 调控部门

（1）收集关于保护定值计算的资料。

（2）负责定值计算、审批。

（3）在启动送电前下发定值通知单。

2. 设备管理单位

（1）负责定值单的接收，并转发至业主项目部。

（2）负责投运前保护装置定值的核对，并完成定值单的保存和归档。

3. 业主项目部

（1）组织施工单位、相关厂家收集保护定值计算资料。

（2）将定值通知单下发至施工单位执行。

4. 监理项目部

负责联系各设备厂家到场配合收集保护定值计算资料。

5. 施工项目部

（1）收集关于保护定值计算的资料。

（2）负责现场保护装置定值的录入。

（3）与设备管理单位核对保护定值，填写定值录入运行交代。

6. 各设备厂家

配合施工单位收集关于保护定值计算的相关资料。

5.3 工 作 流 程

定值录入工作流程见图 5-1。

图 5-1 定值录入工作流程

（1）启动送电前 3 个月，业主项目部组织各参建单位收集关于保护定值整定资料，具体内容参考第 2 章。

（2）调控部门根据调度提资、系统运行要求等内容进行定值计算、审核，在工程投运前 1 周将已审批的定值单下发至设备管理单位。

（3）施工项目部按照定值单进行保护装置定值整定。

（4）施工项目部与设备管理单位进行保护定值的核对与验收，并在定值单上签字确认。

（5）设备管理单位将已执行的定值单进行保存、归档。

5.4 管理工作内容与方法

定值录入管理工作内容与方法见表 5-1。

表 5-1 管理工作内容与方法

序号	管理内容	责任单位	工作内容与方法
1	定值计算、审批、下发	业主项目部 监理项目部 施工项目部 设备管理单位 调控部门 各设备厂家	（1）业主项目部组织施工单位、相关厂家收集保护定值计算资料。 （2）调控部门根据收集的资料，进行保护定值的计算、审批，并下发至设备管理单位。 （3）业主项目部及时向设备管理单位获取保护定值单，并组织施工项目部进行定值录入
2	定值单执行	施工项目部 设备管理单位 调控部门	（1）施工项目部根据已下发的试验定值单进行保护装置定值整定工作，在定值整定过程中，针对定值无法录入或类目不一致的地方，及时反馈至调控部门。 （2）调控部门根据现场反馈意见进行定值单修订、审批，并下发。 （3）施工项目部根据已审批的定值单进行保护装置定值整定工作
3	定值核对	施工项目部 设备管理单位	施工项目部与设备管理单位进行保护定值的核对、验收，并在定值单上签字确认
4	定值单归档	设备管理单位	（1）定值单核对完成后，由整定人员、设备管理单位人员签字。 （2）整定人员负责填写定值单整定运行交代。 （3）设备管理单位负责处理定值单网络管理流程。 （4）设备管理单位将已执行定值单进行保存、归档

5.5 注 意 事 项

（1）现场收资应及时、准确。当现场保护装置版本号、校验码变化时，施工单位应及时通过业主项目部反馈至调控部门。

（2）自动化及测控装置定值应严格按照调度定值单要求执行，避免出现漏项、误整定的情况。如无调度定值单，应按照设备管理单位要求进行整定。

（3）智能控制柜、开关机构箱等设备的温湿度控制器和空调温湿度应按照设备管理单位要求进行设置，此项工作由各设备厂家负责执行，施工项目部进行复核检查。

（4）变压器、GIS 等一次设备定值（油温表、绕温表、风冷、三相不一致时间继电器等）应由设备厂家执行，施工项目部复核检查。

第6章 保护通道调试

纵联保护是输电线路保护的主保护，为保障线路两侧保护能够进行正常通信并实现保护功能，送电前需完成线路保护的通道调试工作。

6.1 工 作 依 据

（1）《继电保护和安全自动装置基本试验方法》（GB/T 7261—2016）。

（2）《继电保护及二次回路安装及验收规范》（GB/T 50976—2014）。

（3）《输电线路线路保护装置通用技术条件》（GB/T 15145—2017）。

（4）《继电保护和安全自动装置技术规程》（GB/T 14285—2006）。

（5）《继电保护和电网安全自动装置检验规程》（DL/T 995—2016）。

（6）《电力建设安全工作规程 第 3 部分：变电站》（DL 5009.3—2013）。

（7）《继电保护和安全自动装置通用技术条件》（DL/T 478—2013）。

（8）《1000kV 线路保护装置技术要求》（Q/GDW 327—2009）。

（9）《输变电工程建设标准强制性条文实施管理规程》（Q/GDW 10248—2016）。

（10）《线路保护及辅助装置标准化设计规范》（Q/GDW 1161—2014）。

（11）《电网安全稳定自动装置技术规范》（Q/GDW 421—2010）。

（12）《继电保护和电网安全自动装置现场工作保安规定》（Q/GDW 267—2009）。

（13）《国家电网公司十八项电网重大反事故措施（2018 年修订版）》。

（14）《国家电网公司电力建设安全工作规程（电网建设部分）》（国家电网安质〔2016〕212 号）。

（15）相关设计图纸说明书、保护通道组织方式单。

6.2　职　责　分　工

1. 业主项目部

负责保护通道调试工作的总体协调。

2. 监理项目部

负责监督巡视职责。

3. 施工单位

（1）进行现场勘查，编制工作票及二次安全措施票。

（2）完成站端单体调试及通信链路调试。

（3）负责保护通道调试工作实施并出具调试报告。

4. 设备管理单位

（1）审核施工单位编写的工作票及二次安全措施票。

（2）负责执行二次安全措施票。

（3）对保护通道调试工作进行验收。

6.3 工 作 流 程

保护通道调试流程见图 6-1。

图 6-1　保护通道调试流程

（1）根据项目的施工进度，由业主项目部组织制订调试计划，各参建单位根据计划合理安排施工。

（2）施工单位完成相关准备工作，根据信通公司下发的方式单进行保护通信链路调试，完成通道对调工作。

（3）设备管理单位审核工作票、二次安全措施票，执行、恢复安全措施，对调试工作进行验收。

6.4　管理工作内容与方法

通道对调管理工作内容与方法见表 6-1。

表 6-1　　　　　　　　　　管理工作内容与方法

序号	管理内容	责任单位	工作内容与方法
1	制定调试计划	业主项目部 施工单位	根据施工计划，在线路投运前一个月，由业主项目部组织各相关参建单位协调保护通道调试工作，确定调试计划，并进行两侧保护版本的核对

续表

序号	管理内容	责任单位	工作内容与方法
2	线路光缆进站及熔接	施工单位	线路光缆进站后进行光缆熔接，并进行衰耗测试
3	通信设备调试，下发方式单	信通公司 施工单位	站内通信设备应在线路光缆进站前安装完成并进行单体调试
4	办理工作票、执行二次安全措施票	施工单位 设备管理单位	施工单位编写工作票、二次安全措施票，由设备管理单位签发，并执行二次安全措施票
5	站内通道调试	施工单位	施工单位对线路保护进行调试，并对通道进行站内自环测试，保证站内通信正常
6	正式定值输入、线路纵联差动保护调试	施工单位 设备管理单位 监理单位	调试前需输入正式定值。设备管理单位对调试进行验收，监理单位巡视监督
7	恢复安措，终结工作票	施工单位 设备管理单位	设备管理单位恢复安全措施，施工单位办理工作票终结

6.5　注　意　事　项

（1）采用正式定值进行调试，并将定值与设计图纸进行核对，正确区分线路保护设备通道连接方式。

（2）通道调试前检查光纤接头清洁度，光纤连接头凸起与法兰盘缺口对齐后再旋紧。可采用站内自环方式测试站内保护通道，测试通过后恢复正常连接方式与对侧站进行保护通道对调。

（3）开关传动时，现场需有人监护。

（4）提前确认两侧保护装置型号及软件版本。

第 7 章 远动联调

远动联调是应用通信技术和计算机技术采集电力系统的数据和信息，对电网和远方发电厂、变电站等的运行进行监视与控制，以实现调控部门的远程测量、远程信号、远程控制和远程调节等各种功能。工程投运前，需完成变电站站端与调控部门遥测、遥信、遥控和遥调的自动化功能联调，并完成相关继电保护业务联调，以确保调控部门对变电站的正常监控。

7.1 工 作 依 据

（1）《电力调度数据网设备测试规范》（DL 1379—2014）。

（2）《变电站监控系统图形界面规范》（Q/GDW 11162—2014）。

（3）《变电站设备监控信息规范》（Q/GDW 11398—2015）。

（4）《智能变电站自动化系统现场调试导则》（Q/GDW 10431—2016）。

（5）《智能变电站网络交换机技术规范》（Q/GDW 10429—2017）。

（6）《调度控制远方操作技术规范》（Q/GDW 11354—2017）。

（7）《国家电网有限公司十八项电网重大反事故措施（2018 年修订版）》。

（8）《国家电网公司电网调度控制管理通则》（国家电网企管〔2014〕139号）。

（9）《国家电网调度控制管理规程》（国家电网调〔2014〕1405 号）。

（10）《国家电网公司变电站设备监控信息管理规定》（国网企管〔2016〕649 号）。

（11）《国家电网公司变电站设备监控信息表管理规定》〔国网（调/4）906—2018〕。

7.2 职　责　分　工

1. 调控部门

（1）负责监控信息全过程管理和监控信息表的审核、校核、发布、执行等管理工作。

（2）负责电网调度控制系统的数据维护，开展调控机构自动化专业信息的核对和验收工作，与变电站端进行远动调试。

2. 业主项目部

（1）督促设计单位依据变电站设备监控信息技术规范及相关要求编制监控信息表设计稿。

（2）组织施工单位按照监控信息表和设计图纸开展新（扩）建变电站设备的安装调试工作，督促施工单位按照调度要求提交远动联调各专业资料。

（3）督促设计单位在向施工单位和设备管理单位提供施工图纸时，同时提供监控信息表，并组织审查。

（4）组织召开相关远动联调会议，协调解决远动联调中遇到的问题。

3. 监理项目部

配合业主项目部做好远动联调工作的组织和协调。

4. 施工单位

根据图纸及相关规范要求，做好变电站内设备调试工作，负责远动联调工作具体实施。

5. 设备管理单位

（1）审核设计单位编制的监控信息表。

（2）编制监控信息表调试稿并向调控部门提交接入（变更）申请。

（3）开展站端自动化系统的维护和验收，配合解决远动联调中遇到的站端问题。

6. 设计单位

编制监控信息表设计稿，并依据调试、设备变更等出具竣工资料。

7.3 工 作 流 程

远动联调工作流程见图 7-1。

图 7-1 远动联调工作流程

（1）业主项目部组织各参建单位制订远动调试计划，各参建单位根据计划合理安排施工。

（2）设计单位出具监控信息表，设备管理单位及施工单位审核修订后上报调控部门确认。

（3）施工单位需在远动联调前完成站内相关设备的联调工作，确保自动化及继电保护设备与调控部门通信正常。

（4）施工单位与设备管理单位、调控部门配合完成远动调试工作。

7.4　管理工作内容与方法

远动联调管理工作内容与方法见表 7-1。

表 7-1　　　　　　　　　　管理工作内容与方法

序号	管理内容	责任单位	工作内容与方法
1	制订调试计划	业主项目部	业主项目部按照特高压工程提前三个月、500kV 及以下工程提前两个月的时间节点，组织召开远动联调协调会，制订调试计划。各单位按照各自职责落实各时间节点工作，确保远动联调工作顺利推进
2	监控信息表编制	设计单位	（1）监控信息表应与工程图纸同时交付现场。 （2）改、扩建项目监控信息表应注明一期工程变动情况（见附录 H）
3	监控信息表确认及各专业资料提报	调控部门 业主项目部 监理项目部 施工单位 设备管理单位	（1）设计单位提交监控信息表后，各单位及时审核修订，上报调控部门确认。 （2）业主项目部协调调控部门相关专业确定各专业联络人。 （3）依据调控部门下发相关资料需求计划及要求，由施工项目部进行各专业资料提报
4	变电站站端调试	施工单位	（1）施工项目部根据现场图纸及相关要求，督促监控系统厂家根据监控信息表配置站端监控系统、远动系统及图形网关设备。 （2）各自动化专业和继电保护专业厂家完成站内各系统的单体配置及系统组网。 （3）施工单位调试人员完成站内的自动化系统调试和继电保护调试

序号	管理内容	责任单位	工作内容与方法
5	通信系统及远动系统测试	施工单位	（1）通信系统确认通信方式后及时进行通信施工。 （2）根据各级调度下发的 IP 地址配置调度数据网，交换机、路由器及纵向加密等设备调试完成后，测试相关专业的通信链路
6	站端与调控部门联调	调控部门 施工单位 设备管理单位	站端调试完成后，由业主项目部向调控部门提交自动化联调申请，并确认联调时间，施工单位按计划进行远动联调

7.5 注 意 事 项

（1）施工图审查阶段，需将监控信息表纳入审查范围。

（2）业主项目部提前组织召开远动联调协调会，明确各参建单位责任，按照里程碑计划倒排工期，及时发现影响联调进度的问题并督促相关单位解决。

（3）设计需考虑新建工程通信系统的施工进度，可提前建设临时通信通道以保证远动联调。

（4）施工单位向各级调控部门提交 IP 地址申请时，要保证所申请的 IP 地址数量满足站端设备接入需求。

（5）IP 地址下发后，施工单位及时进行调度数据网与纵向加密设备配置，并与各级调控部门联调。因纵向加密需进行多种业务的策略配置，联调所需时间长，需预留充足的调试时间。

（6）施工单位向通信部门及调控部门提报的资料包含通信方式申请单，调度数据网 IP 地址申请单，纵向加密业务申请单，监控信息表，同步相量测量装置（phasor measurement unit，PMU）、电能计量系统（tele meter reading，

TMR）、在线监测业务、计划检修工作站、保护信息子站和故障录波等业务相关资料。

（7）远动联调前施工单位应与调控部门的调试人员确认调试计划，填写远动联调进度表（见附录 I）。

（8）远动联调工作中远动信号、同步相量测量装置（PMU）核对工作量大，施工单位可安排两个调试小组同时进行联调工作以节省时间。

（9）电能量计量系统（TMR）核对前，需核实现场的电能表数量、名称、TA 变化、TV 变比等相关资料，由业主项目部盖章确认后提交调控部门，待调度端配置完成后进行核对。

（10）在线监测的业务站端调试工作量大，施工单位合理安排施工。提前做好在线监测设备相关 IP 地址申请工作，以保证与调控部门的正常通信。

（11）联调包含继电保护业务，施工单位需及时提交继电保护业务（如线路保护、安全稳定控制和行波测距）通信通道的申请。

第 8 章　运行移交

工程投运前需将本工程专用工器具、备品备件和设备资料等全部移交设备管理单位，以保障设备管理单位对相关设备操作、运行及维护工作的正常开展。

8.1 工 作 依 据

（1）《国家电网有限公司基建质量管理规定》［国网（基建/2）112—2019］。

（2）《国家电网有限公司输变电工程业主项目部管理办法》［国网（基建/3）180—2019］。

（3）《国家电网有限公司输变电工程验收管理办法》［国网（基建/3）188—2019］。

（4）《国家电网有限公司业主项目部标准化管理手册　500（330）kV及以上工程分册（2018年版）》。

（5）《国家电网有限公司业主项目部标准化管理手册　220kV及以下工程分册（2018年版）》。

（6）《国家电网有限公司监理项目部标准化管理手册　变电工程（2018年版）》。

（7）《国家电网有限公司施工项目部标准化管理手册　变电工程分册（2018年版）》。

8.2　职　责　分　工

1. 业主项目部

（1）全面负责运行移交工作，协调各参建单位进行运行移交。

（2）收集移交物资的合同（协议）要求。

（3）协调解决运行移交过程中出现的各类问题。

2. 监理项目部

（1）配合业主项目部组织运行移交工作。

（2）负责对运行移交过程中发现的问题进行上报、复查，督促相关责任单位完成整改闭环工作。

3. 施工单位

（1）负责组织收集、保管移交物资，建立文件资料管理台账。

（2）按要求及时完成物资移交工作。

4. 物资单位

督促设备供应商及时解决物资移交过程中出现的问题。

5. 设备管理单位

（1）确认移交物资清单。

（2）接收施工单位移交的物资。

8.3 工 作 流 程

运行移交工作流程见图 8-1。

图 8-1 运行移交工作流程

（1）工程开工后，由业主项目部进行前期资料收集，确定移交物资清单，由监理单位负责下发。

（2）设备进场后，施工单位根据到货情况，按照移交物资清单同步收集移交物资，发现问题时及时向相关单位反馈。

（3）工程竣工后 14 天内，施工单位将物资移交至设备管理单位。

8.4 管理工作内容与方法

运行移交管理工作与方法见表 8-1。

表 8-1 　　　　　　　　　　管理工作内容与方法

序号	管理内容	责任单位	工作内容与方法
1	前期资料收集	业主项目部	收集甲供设备采购合同或技术协议，掌握合同（协议）中对移交物资的相关要求
2	确定移交物资清单	业主项目部 设计单位 物资单位	组织召开设计联络会议，对各设备移交物资（包括但不限于设备技术资料、备品备件、专用工具、仪器仪表等）进行明确，形成移交物资清单并由各方参会代表签字确认
3	收集移交物资	施工单位	设备进场后，施工单位根据设备到货情况，按照清单内容，同步收集移交物资
4	问题处理	施工单位 监理项目部 物资单位	（1）施工单位发现设备供应商提供的移交物资内容与移交物资需求清单不一致时，及时以工作联系单的形式向监理项目部反映。 （2）监理单位及时向业主项目部反馈问题，并协助施工单位解决。 （3）物资单位及时将问题向设备供应商反馈，督促其按要求提供移交物资
5	物资移交	设备管理单位 业主项目部 监理项目部 施工单位	施工单位应在工程竣工后 14 天内，按照移交物资清单列明的物资移交设备管理单位，清单一式四份，由设备管理单位、业主项目部、监理项目部、施工单位代表签字确认（见附录 J～附录 L）

8.5 注 意 事 项

（1）设计联络会议阶段需设备管理单位及各设备厂家参加，对各设备移交物资进行提前梳理、确认，确保满足设备管理单位的要求。

（2）物资移交需及时、齐全。

（3）物资移交后，及时办理交接记录，并由各方签字确认。

第 9 章　送电前状态检查

送电前状态检查是对待投运设备状态进行检查、确认的一项重要工作，是工程投运前的最后一道关口。送电前状态检查应做好计划安排，保证充裕的时间、人力、物力；检查应认真仔细，不得出现漏项、错项，确保工程顺利投运。

9.1 工 作 依 据

（1）工程设计图纸、定值单。

（2）设备管理单位压板投退图。

（3）设备厂家技术指导书、说明书。

9.2 职 责 分 工

1. 业主项目部

（1）组织开展送电前状态检查明细表的编制工作，召开会议对送电前状态检查明细表进行审查。

（2）组织按照已批准的送电前状态检查明细表对现场设备状态进行检查、确认。

2. 监理项目部

（1）参与审查送电前状态检查明细表。

（2）联系各设备厂家到场配合送电前状态检查。

（3）参与送电前状态检查。

3. 施工项目部

（1）编制送电前状态检查明细表。

（2）根据已审批的送电前状态检查明细表对现场设备状态进行检查。

4. 各设备厂家

配合送电前状态检查。

5. 设备管理单位

负责现场送电前设备状态检查，对设备进行预操作，确认各设备、压板状态。

9.3　工　作　流　程

送电前状态检查工作流程见图 9-1。

图 9-1　送电前状态检查工作流程

（1）启动送电前 15 天，业主项目部组织编写送电前状态检查明细表。

（2）业主项目部召开专项会议，组织监理、施工单位对送电前状态检查明细表进行审核，并明确各单位职责分工。

（3）启动送电前 24h，施工单位和各设备厂家根据送电前状态检查明细表对现场设备状态进行检查。

（4）设备送电前状态检查无误后，各参建单位进行签字确认。

9.4　管理工作内容与方法

送电前状态检查管理工作内容与方法见表 9-1。

表 9-1　　　　　　　　　　管理工作内容与方法

序号	管理内容	责任单位	工作内容与方法
1	送电前状态检查明细表的编制	业主项目部 监理项目部 施工项目部 各设备厂家	（1）业主项目部通知施工项目部编写送电前状态检查明细表（见附录 M）。 （2）各参建单位补充送电前状态检查明细表，设备厂家有特殊要求时，应提出相关意见
2	送电前状态检查明细表的审核、分工	业主项目部 监理项目部 施工项目部 各设备厂家	（1）业主项目部组织监理、施工项目部和各设备厂家审查送电前状态检查明细表。 （2）监理项目部联系、督促各厂家按时到场配合送电前状态检查
3	送电前状态检查执行	施工项目部 各设备厂家	（1）送电前状态检查应严格按照检查明细表执行，不得漏项。 （2）检查小组应按专业设置，宜分为一次、二次、高压、保护、土建、线路组。每组人数不应少于 2 人，扩建站要加强监护，避免走错间隔。 （3）施工项目部做好数据记录，留好现场照片、影像记录。 （4）监理项目部应提前通知设备厂家到场，配合施工单位做好送电前设备状态检查
4	送电前状态检查明细表签字确认	监理项目部 施工项目部 设备管理单位 各设备厂家	监理、施工、设备管理单位和各设备厂家确认现场设备状态正常后，在送电前状态检查表上签字确认

9.5 注 意 事 项

（1）施工项目部与设备管理单位共同确认试验线和接地线已全部拆除。

（2）施工单位、设备管理单位和各设备厂家在送电前状态检查完成后，不得擅自改变设备状态或改动二次回路。

（3）各设备厂家应配置足够的人员力量，做好现场配合工作。

第 **10** 章 送电应急准备

为应对启动送电中的突发事件，并做好相关后勤保障工作，需在启动送电前依据规程规范要求，设置应急处置机构，准备相关物资及工器具，保障输变电工程的顺利投运。

10.1 工 作 依 据

（1）《国家电网有限公司输变电工程业主项目部管理办法》［国网（基建/3）180—2019］。

（2）《国家电网有限公司输变电工程验收管理办法》［国网（基建/3）188—2019］。

（3）《国家电网有限公司业主项目部标准化管理手册 500（330）kV 及以上工程分册（2018 年版）》。

（4）《国家电网有限公司业主项目部标准化管理手册 220kV 及以下工程分册（2018 年版）》。

10.2 职 责 分 工

1. 建设管理单位

（1）负责监督、检查、指导、考核所辖工程送电应急准备工作。

（2）协调解决所辖工程送电应急准备工作中出现的重大问题。

2. 业主项目部

（1）组织成立送电应急准备工作小组。

（2）组织监理、施工、物资项目部开展送电应急准备工作。

（3）协调设备管理单位参与送电应急准备相关工作。

3. 监理项目部

（1）参与送电应急准备工作。

（2）负责对送电应急准备工作过程中发现的问题进行跟踪，督促各单位责任落实。

4. 施工单位

（1）进行应急处置人员、物资及工器具准备。

（2）在业主项目部组织下解决送电过程中发生的突发事件。

5. 物资单位

（1）参与送电应急准备工作。

（2）组织设备供应商提供设备技术资料、备品备件、专用工具、仪器仪表等技术支持服务，及时消除设备缺陷。

6. 设备管理单位

配合业主项目部做好送电应急准备工作。

10.3 工 作 流 程

送电应急准备工作流程见图 10-1。

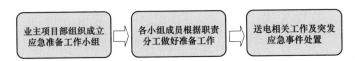

图 10-1 送电应急准备工作流程

10.4 管理工作内容与方法

送电应急准备管理工作内容与方法见表 10-1。

表 10-1 管理工作内容与方法

序号	管理内容	责任单位	工作内容与方法
1	业主项目部组织成立应急准备工作小组	业主项目部	工程启动送电前，业主项目部应组织成立送电应急准备工作小组，编写工作方案，方案中应明确各参建单位责任人及工作范围
2	各小组成员根据职责分工做好准备工作	监理项目部 施工单位 物资单位 设备管理单位	（1）送电应急准备工作小组应下设技术组、会务组、后勤组、宣传组等。 （2）技术组负责解决送电时遇到的技术问题，一般应由业主项目部技术专责、监理项目部专业监理师、施工项目部项目总工及专业负责人和各设备厂家技术人员组成。

续表

序号	管理内容	责任单位	工作内容与方法
2	各小组成员根据职责分工做好准备工作	监理项目部 施工单位 物资单位 设备管理单位	（3）会务组负责送电期间各项会议会务组织、会议签到、公议纪要编写等工作。 （4）后勤组负责送电期间的用餐、车辆调度等工作，必要时可配置随队医生。 （5）宣传组负责送电期间影像资料收集留存、新闻报道等工作
3	送电相关工作及突发应急事件处置	业主项目部 监理项目部 施工单位 物资单位 设备管理单位	如遇突发情况，各单位依据各自职责分工进行处置，同时需统一听从应急处置组长指挥

10.5　注　意　事　项

（1）应急小组成员尤其是设备厂家应确保通信畅通。

（2）启动送电过程中，所需应急物资应配置齐全，方便取用。

（3）启动送电前，应与当地公安、应急、消防、医疗等部门单位建立应急机制，必要时需在现场配置消防车辆及人员。

附录 A 二次安全措施票示例

二次工作安全措施票

审核：_____   批准：_____

单位：_____   编号：_____

被试设备名称					
工作负责人		工作时间		签发人	

工作内容：

安全措施：包括应打开及恢复压板、直流线、交流线、信号线、联锁线和联锁开关等，按工作顺序填用安全措施

序号	执行	安全措施内容		恢复
		回路名称	具体措施	
1			现场记录××保护装置压板、空开位置，并打印原定值、记录定值区。	
2			××保护测控屏：××保护Ⅰ定值区：_____ ××保护Ⅱ定值区：_____	
3			××保护测控屏：××保护Ⅰ定值区：_____ ××保护Ⅱ定值区：_____	
4		空开压板状态		
5				
6		失灵回路		
7				
8		跳闸回路		
9				
10		电流回路		
11				
12		电压回路		
13				

执行人（检修公司）：_____   监护人（检修公司）：_____

恢复人（检修公司）：_____   监护人（检修公司）：_____

附录 B　调度命名申请示例

××（单位）关于××kV××工程调度命名的请示

××××：

　　××kV××工程（变电站站址位于××）即将进行调度启动，经××、××等运行维护单位及××调控中心协商，现将变电站、线路调度命名请示如下。

一、变电站命名

拟命名：××变电站（取自××），线路以"××"为冠字。

备选名：××变电站（取自××）、××变电站（取自××）。

二、线路命名

××kV××工程本期将原××kV××线、原××kV××线π入××变电站，同时由××kV××站新建×回××kV线路，共计形成×回××kV线路。根据变电站拟命名，相关××kV线路拟命名如下。

（1）××站××、××开关——××站××、××开关线路拟命名为××kV××一线。

（2）××站××、××开关——××站××、××开关线路拟命名为××kV××二线。

××kV××输变电工程变电站、线路建议命名与××运维和调控管辖范围内现运行变电站、线路的命名无重叠、无相近、无谐音，最终调度命名以××下发的调度命名为准，我公司将遵照执行。

妥否，请批示。

附图：

1. ××kV××输变电工程线路对应关系示意图例

2. ××kV××变电站电气接线图例（××kV 部分）

1. ××kV××输变电工程线路对应关系示意图例

图示中，线框内本期仅作连线，禁止倒闸操作。
××线 8×JLK/G1A-725(900)/40+8×JL/LHA1-465/210km
××线 8×JLK/G1A-725(900)/40+8×JL/LHA1-465/210km
××线 8×JLK/G1A-725(900)/40+8×JL/LHA1-465/164km
××线 8×JLK/G1A-725(900)/40+8×JL/LHA1-465/164km
原××线
原××线
定河Ⅰ线
定河Ⅱ线
1000kV 1号
1000kV 2号
××线
××线
500kV Ⅰ号甲
500kV Ⅰ号乙
500kV Ⅱ号甲
500kV Ⅱ号乙
××二线
××一线
500kV Ⅱ
500kV 1号A
500kV 2号A
1号变
2号变
3号变
110kV 1号M
110kV 2号M
110kV 3号M
110kV 4号M
110kV 1号
110kV 2号
110kV 3号
110kV 4号
110kV 4号
110kV 6号
××站
××站
××站
运维单位公章
绘制人
绘制时间
图名
××工程线路对应关系图
图号

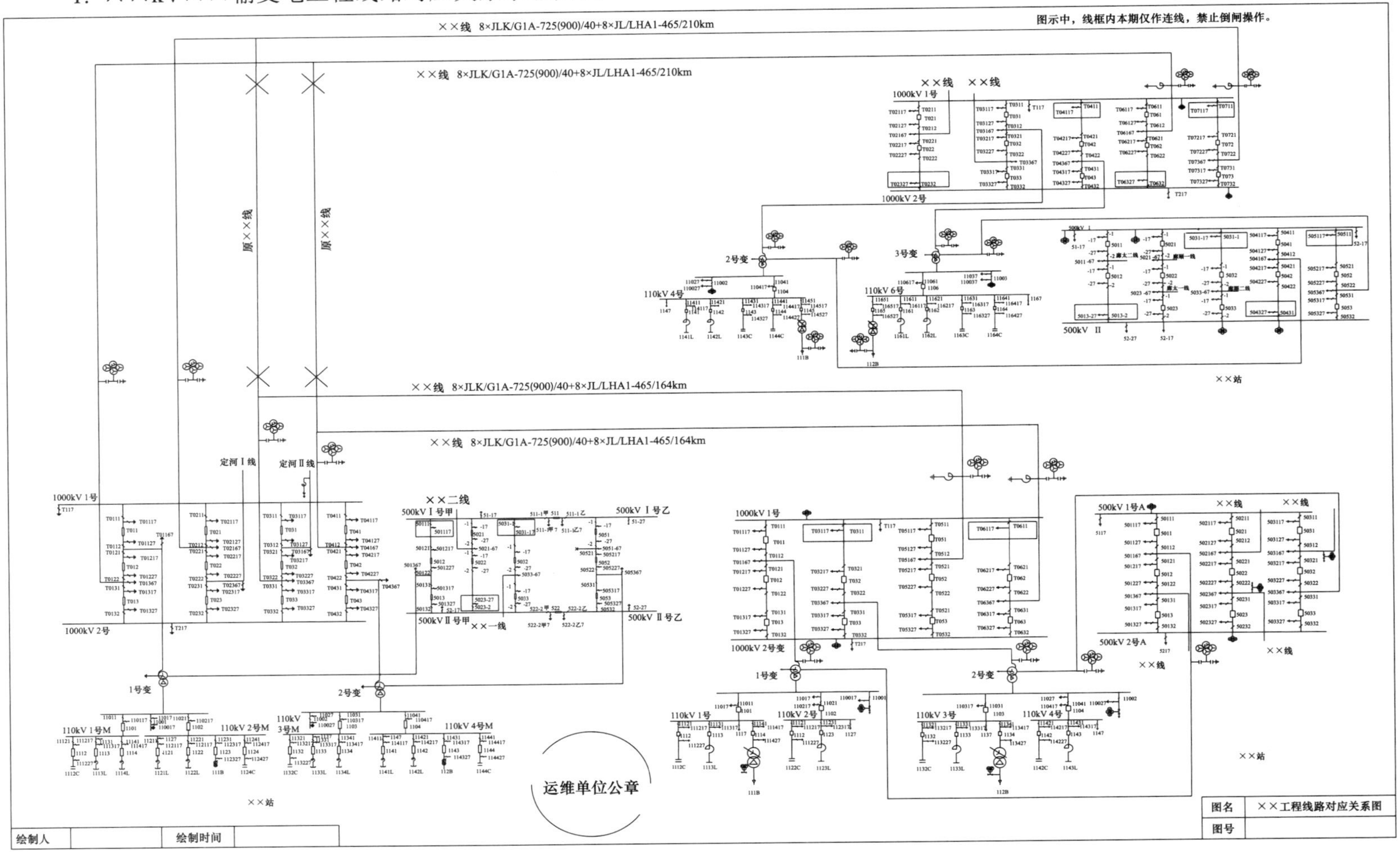

2. ××kV××变电站电气接线图例（××kV 部分）

线框内设备本期仅作连线，禁止倒闸操作。

图名	××站500kV
图号	

修改内容		绘制人		绘制时间	

运维单位公章

75

附录 C 线路参数测试现场组织机构人员名单示例

×××工程××～××段线路参数测试
现场组织机构人员名单

一、工程建设管理单位

二、业主项目部

变电业主项目部：

线路业主项目部：

三、监理单位

变电监理单位：

线路监理单位：

四、施工单位

变电施工单位 1：

变电施工单位 2：

线路施工单位 1：

线路施工单位 2：

线路施工单位 3：

五、变电运行单位

六、参数测试单位

负责人：

首端：

末端：

附录 D 线路施工单位具备参数测试条件的报告示例

线路施工单位具备参数测试条件的报告

致_____:

我项目部管辖范围内_____的工程已完成如下工作（包括但不限于），已具备参数测试条件：

1. 线路架设、紧线、附件、跳线安装等所有工作已全部完成，线路处于良好的电气连接状态。

2. 线路沿线所有人员、材料、工器具等已全部撤离。

3. 已不存在接近导线的、影响参数测试的树木及其他障碍物。

4. 临时工作接地线共____条，已全部拆除，并经确认。

5. 沿线安全监护巡视工作已安排，人员已到位。

6. 应急机构已组建，并处于待命状态，可随时投入工作。

其他事项：已认真完成线路参数测试工作相关文件的学习及交底

施工单位	监理单位	业主项目部
签　字：	签　字：	签　字：
盖　章：	盖　章：	盖　章：
日　期：	日　期：	日　期：

附录 E 变电施工单位具备参数测试条件的报告示例

变电施工单位具备参数测试条件的报告

致_____：

我项目部管辖范围_____内的工程已完成如下工作（包括但不限于），已具备参数测试条件：

1. 需要隔离的设备已确认可靠断开。

2. 试验区域内所有人员、材料、工器具等已全部撤离。

3. 临时工作接地线共____条，已全部拆除，并经确认。

4. 应急机构已组建，并处于待命状态，可随时投入工作。

其他事项：已认真完成线路参数测试工作相关文件的学习及交底_____

_____

施工单位	监理单位	业主项目部
签　字：	签　字：	签　字：
盖　章：	盖　章：	盖　章：
日　期：	日　期：	日　期：

附录 F　参数测试单位具备参数测试条件的报告示例

参数测试单位具备参数测试条件的报告

致＿＿＿＿＿＿＿＿＿＿＿＿＿＿＿＿＿＿＿＿：

　　我单位在××××工程线路工程××～××段＿＿＿＿站已完成如下工作（包括但不限于），已具备参数测试条件：

　　1. 测试电源已准备完成。

　　2. 测试引下线已连接完成。

　　3. 测试接线已完成，测试设备准备就绪。

　　4. 测试方案完成报审手续，并进行了交底。

　　5. 测试人员已到位，现场通信畅通。

　　6. 应急机构已组建，并处于待命状态，可随时投入工作。

　　其他事项：＿已认真完成线路参数测试工作相关文件的学习及交底＿＿＿＿

　　　　　　　　　　　　　　　负责人（签字）

　　　　　　　　　　　　　　　单位（部门）（加盖公章）

　　　　　　　　　　　　　　　日期：　　　年　　　月　　　日

附录 G 参数测试单位完成参数测试工作的报告示例

参数测试单位完成参数测试工作的报告

致_____：

我单位已完成××××工程线路工程××～××段线路参数测试工作：

1. 测试电源已拆除。

2. 测试引下线已拆除。

3. 测试工作现场已清理完毕。

4. 测试工作人员已撤离。

其他事项：_____

_____

负责人（签字）

单位（部门）（加盖公章）

日期：　　　　年　　　月　　　日

附 录 H　监 控 信 息 表 示 例

编号：××kV-××变电站-2019-001

××kV××变电站监控信息表

编　　制：

审　　核：

校　　核：

××××年××月

××变电站监控信息表（遥测）

序号	间隔名称	遥测名称	单位	备注
1	××线	××线有功	MW	
2	××线	××线无功	Mvar	
3	××线	××线 A 相电流	A	
4	××线	××线 B 相电流	A	
5	××线	××线 C 相电流	A	
6	××线	××线 A 相电压	kV	
7	××线	××线 B 相电压	kV	
8	××线	××线 C 相电压	kV	
9	…	…		

××变电站监控信息表（遥控）

序号	间隔名称	遥控名称	备注
1	5011	××线 5011 开关合/分	
2	5011	××线 5011 开关同期合	
3	5011	1 号主变压器分接开关位置升/降	
4	5011	1 号主变压器调档急停	
5	…	…	

××变电站监控信息表（遥调）

序号	间隔名称	遥调名称	备注
1	定值区	××保护定值区切换	
2	…	…	
3	…	…	
4	…	…	
5	…	…	

××变电站监控信息表（遥信）

序号	间隔名称	信息/部件类型	集中监控信息	站端监控系统信息	设备原始信息	告警分级	光字牌设置	备注
1	公用	全站	全站事故总	全站事故总	全站事故总	事故	是	
2	5011	开关	开关间隔事故总	开关间隔事故总	开关间隔事故总	事故	是	
3	5011	开关	开关	开关	开关	变位	否	
4	5011	开关	开关储能电机故障	开关储能电机失电	开关储能马达失电	异常	是	
5				开关储能电机运转超时	开关马达运转超时			
6	5011	开关	开关机构就地控制	开关机构就地控制	开关机构就地控制	异常	否	

附录 I 远动联调进度表示例

远 动 联 调 进 度 表

调试内容	省调		网调		国调	
	一平面	二平面	一平面	二平面	一平面	二平面
远动设备（RTU）						
同步向量测量装置（PMU）						
电能量计量系统（TMR）						
图形网关机						
保护信息子站						
故障录波装置						
在线监测系统						

附录 J　移交专用工器具清单示例

移交专用工器具清单

序号	名称	规格	数量	建设方代表	接收方代表

业主项目部：

监理项目部：

物资项目部（若有）：

附录 K 移交备品备件清单示例

移 交 备 品 备 件 清 单

序号	名称	规格	数量	建设方代表	接收方代表

业主项目部：

监理项目部：

物资项目部（若有）：

附录L 向设备管理单位移交资料清单示例

向设备管理单位移交资料清单

序号	名称	卷、册、页数	移交方代表	接收方代表

业主项目部：

监理项目部：

物资项目部（若有）：

附录 M 送电前状态检查明细表示例

1. 一次部分

序号	检查项目	检查结果 （√表示合格）	厂家	施工单位	监理单位	设备管理单位
1	引线恢复、一次设备螺丝已紧固					
2	断路器、隔离开关位置在分位					
3	SF$_6$密度表指示正常，无泄漏，SF$_6$密度表阀门在工作位置					
4	开关柜手车检查、柜门检查					
5	主变压器气体继电器设置在工作位置					
6	变压器散热器、压力释放、气体继电器阀门应打开					
7	变压器放气检查、油路阀门在工作位置					
8	充氮灭火装置在投运状态，是否已安装重锤					

2. 二次部分

序号	检查项目	检查结果 （√表示合格）	厂家	施工单位	监理单位	设备管理单位
1	二次接线螺丝紧固检查、封堵检查					
2	智能柜、端子箱电器元件检查，照明、温湿度控制器、空调检查					
3	站用电系统零线接地、交流电压、相序检查，蓄电池检查、UPS检查					
4	开关柜航插检查					

3. 高压

序号	检查项目	检查结果（√表示合格）	厂家	施工单位	监理单位	设备管理单位
1	套管末屏、油浸式 TA 末屏接地应良好					
2	TV/CVT 大 X、大 N 接地良好					
3	主变压器运行前最后分接头下绕组直阻检查					

4. 保护

序号	检查项目	检查结果（√表示合格）	厂家	施工单位	监理单位	设备管理单位
1	变压器油温表、绕温表温度、档位现场与后台指示检查					
2	三相不一致时间继电器、油温绕温定值、过负荷启风冷定值整定正确					
3	TA、TV 二次端子螺丝紧固检查					
4	一次通流通压试验完成					
5	TA、TV 回路极性、直阻、绝缘、接地检查，N600 一点接地正确					
6	安全自动装置：定值执行情况、无异常告警，智能设备无光衰过大现象，SV、GOOSE 断链检查					
7	直流系统绝缘、串电检查（无接地、不串电）					
8	监控后台：画面清闪，无异常信号，无通信中断情况					
9	安全隔离措施：电压电流回路失灵、跳闸回路、信号回路隔离与恢复